NEW SAUCE
新概念醬汁

少油清爽、平衡風味，戲劇性的將日常料理美味瞬間提升

樋口直哉
Naoya Higuchi

出版菊文化

前言

當我剛開始學習烹飪，對前輩製作的醬汁深感憧憬。把醬汁淋在菜餚上的最後步驟，盤子就像魔法般地閃耀著光芒。

或許正是因為有這樣的經歷，當我自己思考新的料理時，常常從醬汁著手。一提到醬汁的書籍，也許會聯想到專業、難度高的食譜，但其實醬汁是非常親近易學的。例如，生魚片加些許鹽也很美味，但若滴上一點點具有鹹味、鮮味和微微酸味的醬油（Soy Sauce）時，味道會瞬間豐富起來！

醬汁的作用就是突顯主要食材，使味道更上一層樓。只要有適合的醬汁，普通的食材也能變得特別美味。即使現在，每一次製作醬汁時，我仍會有這樣的感受。醬汁對於菜餚就像是魔法一般。

樋口直哉

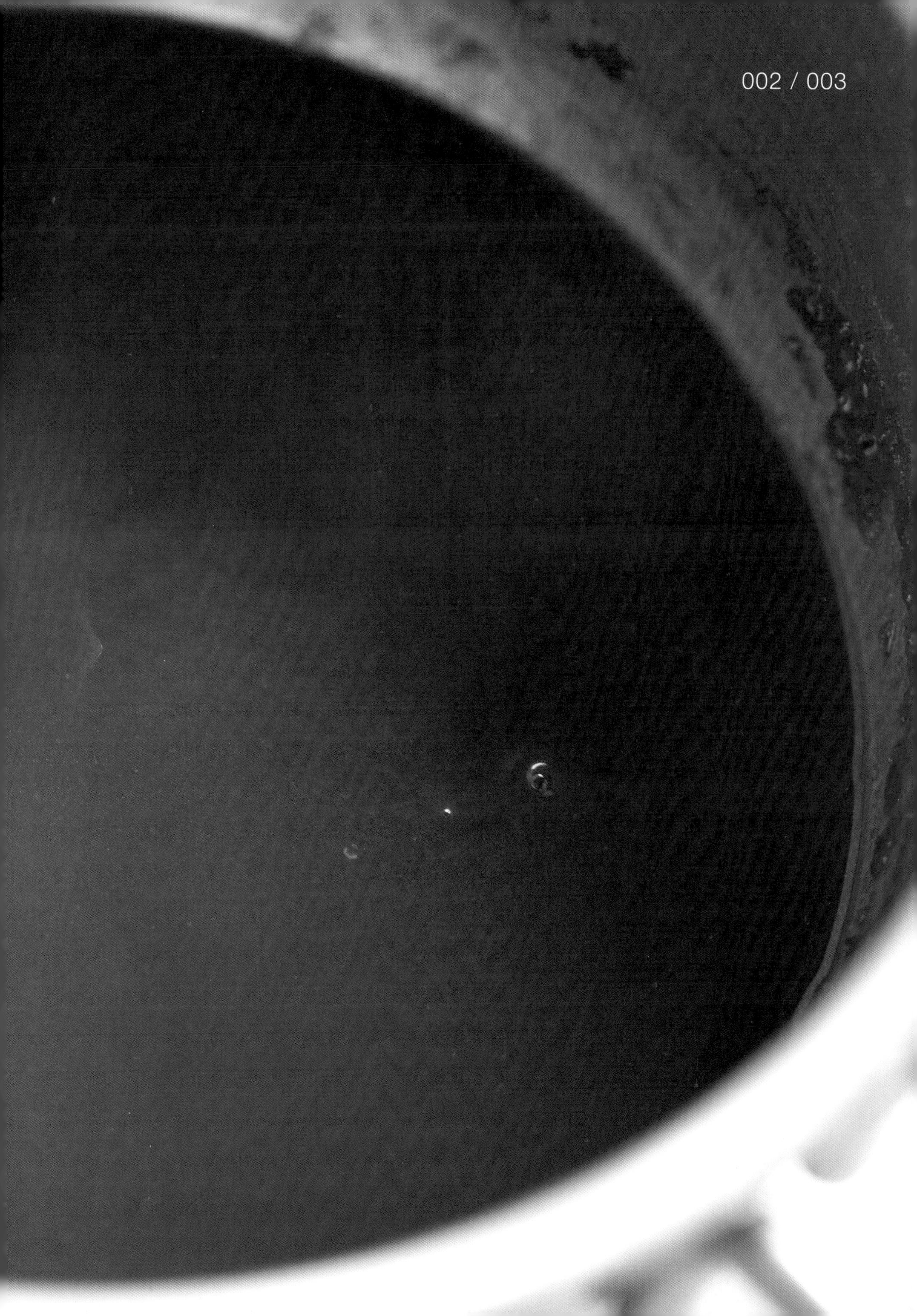

Contents

Chapter 1

加熱製作的醬汁

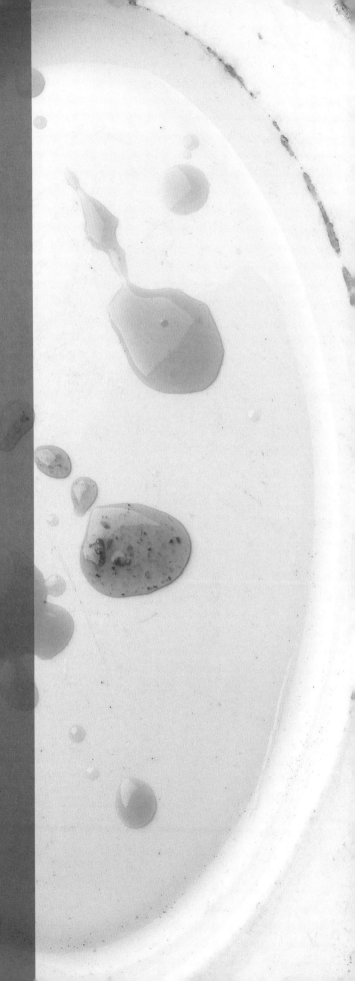

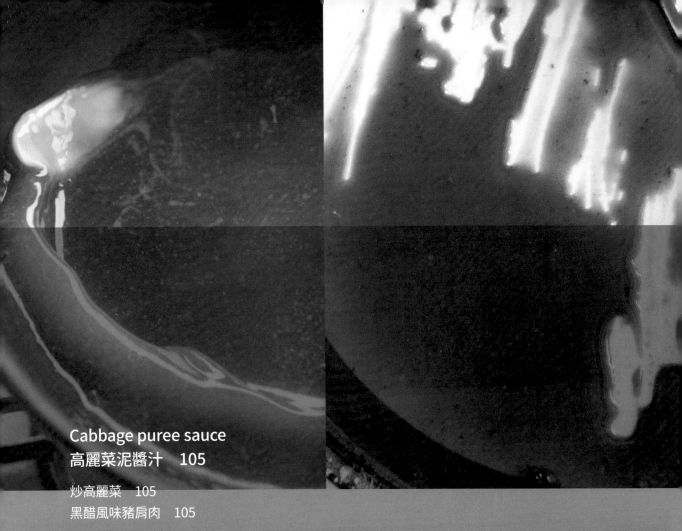

● 1小匙是 5ml，1大匙是 15ml。
● 少量調味料的份量用「少許」，是指用拇指和食指捏
　取的量；「一撮」是用拇指、食指和中指捏取的量。
● 「適量」是適當的份量，「適宜」則表示可以依個人
　口味增減。
● 烤箱因型號而異。請以標示的時間為參考，並在觀
　察狀況的同時進行調整。

完美定律

醬汁對於料理的

· 引出食材的風味。

· 將食材彼此連結。

· 調節料理味道的平衡。

味道平衡的考量方式

舉例來說，富含甜味的胡蘿蔔，
可以透過油醋調味醬的酸味、鹹味、油脂
來調整其味道平衡。
如果要使味道更加豐富，
可以加入醬油和蜂蜜，增添鮮味和甜味，
如此一來，即使是簡單的綠葉沙拉也能更加美味可口。

胡蘿蔔沙拉 Carottes râpées

材料（2 人份）
【基本油醋調味醬（容易製作的份量）】
　紅酒醋　1 大匙
　橄欖油　3 大匙
　第戎芥末醬　½ 小匙
　鹽　¼ 小匙
胡蘿蔔　1 根
巴西利切碎　適量

1　將基本的油醋調味醬放入碗中，充分攪拌均勻。
2　用刨絲器或刀將胡蘿蔔切成絲狀。
3　將 2、巴西利切碎和基本的油醋調味醬 3 大匙混
　　合均勻。

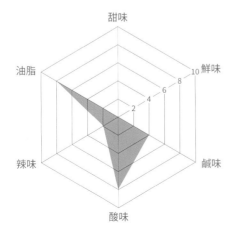

綠葉沙拉 Green salad

材料（2 人份）
【醬油蜂蜜調味醬（容易製作的份量）】
　紅酒醋　1 大匙
　橄欖油　2 大匙
　第戎芥末醬　½ 小匙
　鹽　適量
　淡口醬油　1 大匙
　蜂蜜　1 小匙
喜好的生菜（綠捲葉、萵苣、紅苴、Baby leaf 等）
　適量

1　將醬油蜂蜜調味醬的材料放入碗中，充分攪拌
　　均勻。
2　將洗淨並擦乾水份的葉菜和醬油蜂蜜調味料適
　　量，混合均勻。

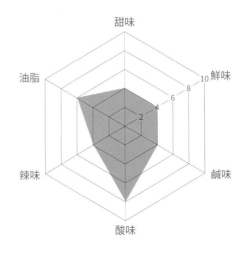

新概念醬汁
的特徵

・使用較少的油脂。

・短時間製作、保留香氣，味道清爽、
展現食材的風味。

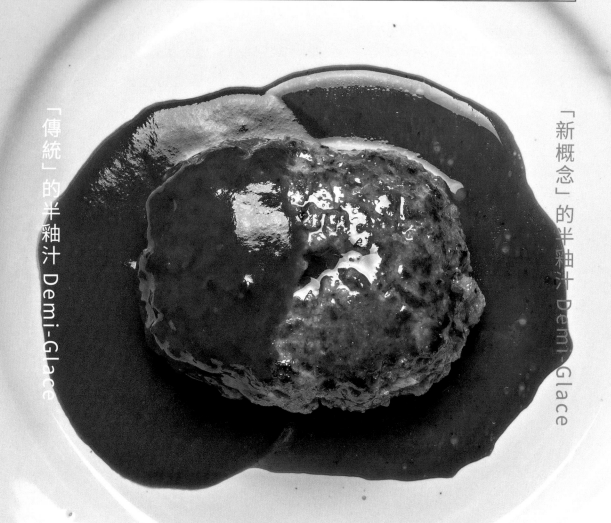

「新概念」的半釉汁 Demi-Glace

「傳統」的半釉汁 Demi-Glace

比較「傳統」與「新概念」的半釉汁 Demi-Glace

思考「傳統」和「新概念」半釉汁 Demi-Glace
食譜的差異。
傳統的醬汁,像是白醬(White sauce),
使用麵粉和奶油,味道濃郁。
雖然美味,但有時會掩蓋了食材的個性。
而新概念的醬汁則不使用麵粉,油脂量也較少,
味道輕盈,能充分展現食材的美味。

「傳統」的 半釉汁 Demi-Glace

材料(2人份)
波特酒(Ruby) 50ml
奶油 10g
麵粉 10g
番茄醬 1大匙
小牛高湯(Fond de Veau 市售) 200ml
鹽 適量

1 在厚底鍋中放入奶油,中火加熱。奶油融化後,撒入麵粉,用木匙不斷攪拌,炒至呈茶色(這就是油糊 brown roux)。
2 加入番茄醬,繼續攪拌,逐漸加入波特酒,防止結塊。
3 倒入小牛高湯,攪拌均勻,煮至濃稠約半量後,用鹽調味。

「新概念」的 半釉汁 Demi-Glace

材料(2人份)
波特酒(Ruby) 50ml
小牛高湯(Fond de Veau 市售) 200ml
玉米澱粉(或者葛粉) 1小匙
鹽 適量

1 將波特酒倒入鍋中,中火加熱。
2 煮至濃縮至半量時,加入市售小牛高湯,再煮至濃縮剩半量。
3 轉小火,將玉米澱粉與同量的水(份量外)溶解,逐漸加入2中。用木匙攪拌至劃過可看見鍋底,調整至喜好的濃稠度,再以鹽調味。

加熱製作的醬汁

醬汁隨著時代的變遷而演進。舉例來說，在過去，為了彌補運輸過程中食材品質的下降，主流的醬汁往往使用大量麵粉和奶油。

隨著時代的進步，進入1970年代，人們開始不再使用麵粉和奶油的醬汁，轉而以Fond de Veau（小牛高湯）為基礎來製作醬汁，這也是因為食材的品質得到提升。

然而，製作小牛高湯需要耗費時間和精力。從科學的角度來看，因為小牛骨的味道淡雅且富含膠質，可以使用市售的明膠粉補充。透過長時間加熱產生梅納反應（Maillard reaction）的風味，可以用醬油來彌補，如果需要增添鮮味，可以加入顆粒雞湯粉。這樣經過改良而誕生的，就是我們要介紹的新概念醬汁。

紅酒醬汁 Red wine sauce

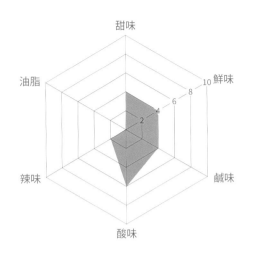

甜味
油脂　　鮮味
10
8
6
4
2
辣味　　鹹味
酸味

最少的材料就能製作的紅酒醬。通常搭配牛肉和香菇排、煎魚。基本上最合適搭配已經煎上色的料理。這款醬汁本身不含油脂，因此也適合澆在脂肪豐富的國產牛肉或和牛上。添加了莓果的變化款，也非常適合家禽類，建議搭配香煎鴨胸（→p.20）。香菇排的牛蒡也可以替換成馬鈴薯片或山藥片。

材料（2人份）
紅酒　200ml
蜂蜜　1大匙
明膠粉（無需浸泡）　5g
醬油　½小匙
顆粒雞湯粉　¼小匙
玉米澱粉（或葛粉）　1小匙
黑胡椒　適量

1 將紅酒、蜂蜜、明膠粉、醬油和顆粒雞湯粉放入小鍋中，中火加熱。煮至醬汁減少至原體積的⅓左右（約5分鐘）（A）。
2 轉小火，將玉米澱粉與同量的水（份量外）溶解，逐漸加入1（B）。攪拌至可在鍋底留下劃過的痕跡，調整至合適的濃稠度（C），然後加入黑胡椒。

Tips
○ 紅酒可以選擇便宜的，但較推薦挑選酒體中等至飽滿（medium to full-bodied）的波爾多紅酒。
○ 淋在魚料理上時，最好稍微稀釋一些。
○ 如果搭配瘦肉或蔬菜等油脂較少的食材，為了增加濃郁風味，可以加入冰涼的奶油10g，用小火攪拌至乳化。

變化款 Arrangement

"紅酒莓果醬汁 Red wine berry sauce"

在最後的製作階段，加入冷凍綜合莓果（例如藍莓、覆盆子、草莓、黑莓等）40g。

A

B

C

Beef steak
✕ Red wine sauce
recipe ➪ p.018

Shiitake mushroom steak
✕ Red wine sauce
recipe ➪ p.018

016 / 017　加熱製作的醬汁　紅酒醬汁

牛排

✕ 紅酒醬汁

材料（2人份）

牛肉（適合煎烤用） 2片（每片150g・厚度2.5cm）

橄欖油 2大匙

奶油 10g

鹽 適量

薯條、奶油蒸蔬菜

（蕪菁、四季豆、胡蘿蔔） 適量（→ p.110）

紅酒醬 全量（→ p.015）

1 平底鍋以大火加熱，倒入1大匙橄欖油。加熱約1分鐘後，放入新鮮從冰箱取出的牛肉。

2 每30秒翻面一次，總計煎4分30秒 (A)。經過3分鐘時，用紙巾擦去多餘的油 (B)，再加入新的1大匙橄欖油 (C)。

3 放入盤中 (D)，放在靠近爐子溫熱的位置靜置約4分鐘。將流出的肉汁加入紅酒醬。

4 在同一平底鍋中加入奶油，以中火加熱。當奶油開始冒泡且變成焦糖色時，將3靜置的牛肉放回鍋中 (E)。每面煎約15秒後取出，撒上鹽。

5 將薯條和奶油蒸蔬菜盛盤，放入牛排，淋上紅酒醬。

Tips

○ 用紙巾擦拭平底鍋並添加新的油，可以降低鍋子的溫度，可讓熱度傳達至肉的中心部分，而外部不會因過熱而燒焦。

香菇排

✕ 紅酒醬汁

材料（2人份）

香菇 4朵

牛蒡 20cm

巴西利切碎 適量

鹽 適量

橄欖油 1小匙

沙拉油 適量

紅酒醬 適量（→ p.015）

1 用刨刀將牛蒡削成薄片，以加熱至150℃的沙拉油炸至金黃酥脆。用中小火慢慢升溫，直到酥脆後取出，在廚房紙巾上吸去多餘油份，撒上鹽。

2 將香菇去蒂。平底鍋中倒入橄欖油，將香菇的頂部朝上放入。蓋上鍋蓋，用中火煎2～3分鐘。

3 將香菇盛盤，加入炸好的牛蒡和切碎的巴西利，淋上紅酒醬。

黑胡椒煎白肉魚

✕ 紅酒莓果醬汁

材料（2人份）

白肉魚片（如鯛魚等）　2片

橄欖油　1小匙

鹽　適量

黑胡椒　適量

奶油蒸蔬菜（花椰菜）　適量（→ p.110）

紅酒莓果醬汁　適量（→ p.015）

1　白肉魚片在皮的那一面切幾刀，撒上鹽，靜置10分鐘以上。在皮的那一面均勻地撒上研磨的黑胡椒。

2　平底鍋中倒入橄欖油，放入白肉魚片，皮朝下。用中火加熱，用鍋鏟輕輕按壓以均勻煎魚皮。當魚片邊緣轉白時，翻面，關火，用餘熱加熱2 ～ 3分鐘，直至熟透。

3　將紅酒莓果醬鋪在盤底，加入奶油蒸熟的蔬菜和煎好的白肉魚片。

洛神花醬汁 Hibiscus sauce

這是一種使用洛神花製成的醬汁，通常用來作為花草茶飲用。你可以添加一些香料使其風味更豐富，但也可以省略。它具有類似紅酒醬的風味，但洛神花獨特而迷人的細膩香氣，是其特色。在煮沸之前，你也可以將它作為非酒精飲料供應。這是推薦給不喜歡紅酒的人的另一種選擇。

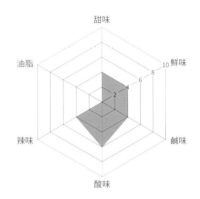

材料（2人份）
洛神花（乾燥）　10g
水　250ml
蜂蜜　30g
砂糖　1大匙
肉桂　1條
八角　1顆
丁香　2顆
醬油　2小匙
鹽　適量
玉米澱粉（或葛粉）　1小匙

1 在小鍋中加入水、蜂蜜、砂糖、肉桂、八角、丁香，中火加熱。煮沸後關火（A），加入洛神花（B），蓋上鍋蓋，靜置浸泡（最好冷藏一晚，使其更加香濃）。
2 過濾液體（C），在小鍋中煮至大約剩半量，注意不要讓邊緣燒焦。
3 加入醬油和鹽，將玉米澱粉與同等份量的水（份量外）溶解，逐漸加入2中，使醬汁達到所需的濃稠度。

香煎鴨胸

材料（2人份）
鴨胸肉　1塊
【胡蘿蔔與柳橙泥】
　胡蘿蔔　1條
　柳橙汁　100ml
　鹽　適量
洛神花醬汁　全量
鹽之花（Fleur de sel）　少許

1 製作胡蘿蔔與柳橙泥。將胡蘿蔔切成1cm厚度的薄片。放入碗中，加入1大匙水（份量外），放入微波爐以600W加熱4分鐘，直至軟化。
2 在食物料理機中放入1、柳橙汁和鹽，攪打至光滑的泥狀。
3 清理鴨胸，拔除皮上的羽毛根部。在皮上劃切幾刀，撒上少許鹽（份量外）。
4 將鴨皮朝下放入平底鍋中，以中小火加熱。當聽到噼啪聲時，轉小火，同時用湯匙撈出鍋內的鴨油，煎約3分鐘。翻面後，煎約12分鐘，取出靜置約5分鐘。
5 將同一個平底鍋再次以中火加熱，將鴨皮面煎至香脆後，取出用錫箔紙包裹靜置。
6 釋出的肉汁倒入洛神花醬汁，將鴨胸切成1cm厚片。
7 在盤底鋪上洛神花醬汁，放上6的鴨肉片，舀入胡蘿蔔與柳橙泥，撒上鹽之花。

烤甜菜根

材料（方便製作的份量）
甜菜根　1大顆
洛神花醬汁　適量（→左頁）
鹽之花（Fleur de sel）　少許

1　洗淨甜菜根，用錫箔紙包裹，放入預
　　熱至170℃的烤箱中烘烤約1小時。
2　從烤箱取出，待其稍微冷卻。
3　待冷卻後，用紙巾等擦拭，將皮剝
　　去，切成楔形。
4　洛神花醬汁鋪在盤中，將3盛盤，撒
　　上鹽之花。

白酒鯷魚醬汁 Anchovy white wine sauce

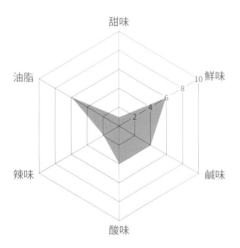

甜味
鮮味
鹹味
酸味
辣味
油脂

白酒醬汁通常會加入魚高湯，但每次都要準備魚高湯有些麻煩，因此我們使用鯷魚。這裡將它搭配雞肉和蔬菜等，使用鯷魚可增加這種醬汁的適用範圍，這也是一個優點。白酒的選擇最好是夏多內（Chardonnay）或索維尼（Sauvigny）等酸味較明顯的品種，如果想要更奢侈一些，可以用香檳取代白酒，這樣能使味道更清晰。此外，請注意不要將鮮奶油煮得太久，以免味道失去層次感。

材料（2人份）
白酒　50ml
鯷魚　2片
鮮奶油（脂肪含量35%）　100ml
檸檬汁　1小匙
白胡椒　適量

1 將白酒和鯷魚放入小鍋中，中火加熱，用木匙壓碎鯷魚，煮至份量濃縮至半量。

2 加入鮮奶油 (A)，煮沸約30秒 (B)。加入檸檬汁和白胡椒調味 (C)。

Tips
○ 如果想要更濃郁的口感，可以使用脂肪含量45%的鮮奶油。

變化款 Arrangement

"白酒鯷魚咖哩醬汁 Anchovy white wine curry sauce"

最後加入 ¼ 至 ½ 小匙的咖哩粉調味。

Sautéed chicken fillet
× Anchovy white wine sauce
recipe ⇨ p.026

Oyster meunière
✕ Anchovy white wine curry sauce
recipe ⇨ p.027

嫩煎雞里脊

× 白酒鰻魚醬汁

材料（2人份）
雞里脊　4片
鹽　適量
白胡椒　適量
橄欖油　少許
鰻魚白酒醬　全量（→ p.022）
巴西利切碎　½小匙
燙熟的蔬菜（蕪菁、四季豆、玉米筍）　適量

1 雞里脊從中間切開，用保鮮膜上下夾著輕輕敲打至厚約5mm。
2 在一面撒上鹽和白胡椒，用橄欖油在熱鍋中快速煎兩面。
3 小鍋中加入鰻魚白酒醬和切碎的巴西利稍微加熱。
4 盤中鋪上3，放上煎好的雞里脊，擺入燙熟的蔬菜。

煎白花椰

× 白酒鰻魚醬汁

材料（2人份）
白花椰　½顆
橄欖油　1大匙
奶油　10g
鰻魚白酒醬　適量（→ p.022）
鹽之花（Fleur de sel）　少許

1 白花椰用水洗淨，切半，徹底沖洗乾淨後擦乾水份。
2 鍋中倒入橄欖油，以中火加熱。加入白花椰，一開始會釋出水份，需小心翻面，煎至表面金黃。油濺出時，用廚房紙巾擦去多餘油份，再添加適量的新橄欖油（份量外）。
3 當白花椰表面均勻上色後，加入奶油。用湯匙不斷淋上融化的奶油，直至白花椰的中心可以輕易的以竹籤刺入。
4 裝盤，淋上鰻魚白酒醬，撒上鹽之花。

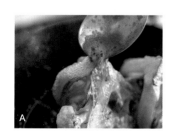

A

奶油煎牡蠣

×　白酒鰻魚咖哩醬汁

材料（2人份）
牡蠣　4個
麵粉　適量
橄欖油　1大匙
巴西利切碎　適量
燉飯　適量（→ p.111）
白酒鰻魚咖哩醬汁　適量（→ p.022）

1　牡蠣用鹽水（份量外）沖洗，再用廚房紙巾吸乾水份。
2　將牡蠣裹上麵粉，平底鍋中倒入橄欖油加熱，以
　　中火煎至牡蠣兩面金黃酥脆。
3　在盤中央盛放燉飯，放上煎好的牡蠣，撒上巴西
　　利碎，周圍淋上白酒鰻魚咖哩醬汁。

新白醬 New white sauce

傳統白醬的比例是奶油:麵粉:牛奶 = 1:1:10，非常美味，但熱量高是一個問題。因此，研發出這款極力減少油脂的新白醬。使用山藥增加濃稠感，豆腐增添風味，甘酒和鹽麴增添發酵食品的鮮味。若是將牛奶換成豆奶，這款白醬也適合素食者享用。

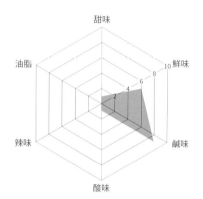

材料（2人份）

山藥	100g（去皮）
豆腐	75g
牛奶	75ml
甘酒	25ml
鹽麴	1小匙

1 將所有材料放入果汁機（A），攪拌至光滑（B）。
2 將1倒入小鍋中，以中火加熱。攪拌待沸騰後轉至小火，再煮2～3分鐘。

Tips
○ 如果用於燉煮，可以直接將1加入料理使用。

輕燉煮雞腿

材料（2人份）
雞腿肉　1片（約300g）
鹽　適量（肉重量的0.5%）
麵粉　適量
洋蔥　¼個
白舞菇　1包
橄欖油　1大匙
牛奶　100ml
新白醬　全量
黑胡椒　適量

1 洋蔥切成5mm寬的楔形。將白舞茸撕成小塊。雞腿肉切成大塊，撒上鹽和麵粉。
2 在平底鍋中倒入橄欖油，將雞皮朝下放入。用中火加熱，煎至一面呈現金黃色後翻面。
3 轉小火，加入洋蔥和白舞菇，蓋上鍋蓋燜蒸約3分鐘。
4 加入牛奶和新白醬，繼續煮約5分鐘。盛盤，撒上大量的黑胡椒。

蛤蜊濃湯

材料（2人份）
蛤蜊　200g（吐沙）
培根　2片
洋蔥　¼個
胡蘿蔔　⅓條（50g）
橄欖油　½大匙
白葡萄酒　50ml
牛奶　100ml
新白醬　全量
巴西利切碎　適量

1 培根、洋蔥和胡蘿蔔切成1cm的小塊。
2 在厚底鍋中放入1和橄欖油，蓋上鍋蓋中火加熱。當聽到噼啪聲時，轉小火炒3～4分鐘。
3 加入蛤蜊和白葡萄酒，蓋上鍋蓋等待約2分鐘，確認蛤蜊開口後取出。
4 在3的鍋中加入牛奶和新白醬，續煮3～4分鐘後放回蛤蜊。將湯倒入碗中，撒上巴西利碎。

沙巴雍 Sabayon sauce

蒸熟的馬鈴薯是沙巴雍的絕佳伴侶，同樣也適合搭配煮熟的蔬菜（尤其是蘆筍）、甲殼類或海鮮類。最後，您可以根據個人口味添加融化的奶油、香草或咖哩粉等進行風味變化。蛋黃＋水份在隔水加熱攪打時，溫度達到50℃會開始凝固，並且會逐漸因飽含空氣而形成輕柔的質地。繼續攪打至溫度達到70～75℃，就是完成醬汁的標準。

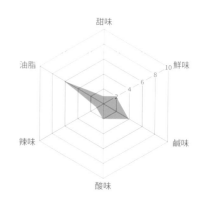

材料（2人份）
蛋黃　1個
鹽　適量
白葡萄酒　50ml
橄欖油　1大匙

1 在小鍋中倒入白葡萄酒，以中火加熱。一旦開始沸騰，轉小火煮沸30秒後關火，讓其稍微冷卻。
2 在小鋼盆中加入1的白葡萄酒、蛋黃和鹽，下方放置約80℃的熱水（約鍋底冒小泡的程度），同時用打蛋器打發 (A)。
3 當混合物變得濃稠且劃過可見鍋底時，取出並持續攪打，逐漸加入橄欖油至完全融合 (B)。

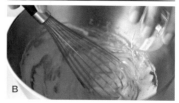

蒸馬鈴薯

材料（2人份）
小型馬鈴薯　4顆
沙巴雍　全量
奶油　適量

1 將馬鈴薯徹底清洗，帶皮放入蒸籠中，蒸至竹籤能夠輕易插入。
2 將沙巴雍醬汁倒在盤子內，將切半的馬鈴薯擺盤，並在上方放少許切片的奶油。

班尼迪克蛋

材料（2人份）
香草莢　¼支
沙巴雍　全量
雞蛋　2顆
英式馬芬（Muffin）　1個
火腿　2片
蒔蘿切碎　適量
紅椒粉　少許

1 將香草莢剖開取出籽，加入沙巴雍攪拌均勻 (A)。
2 製作水波蛋。在鍋中燒熱約80℃的水（水底冒小泡即可）。熄火後，將去除稀蛋白（水溶性蛋白）的蛋輕輕放入。蓋上鍋蓋，加熱5分鐘後撈起瀝乾水份。
3 英式馬芬橫切成兩半，在平底鍋中煎至兩面金黃。
4 將英式馬芬切面朝上盛盤，依序放上火腿和水波蛋。淋上1的沙巴雍，撒上切碎的蒔蘿和紅椒粉。

3種乳酪醬汁 3types of cheese sauce

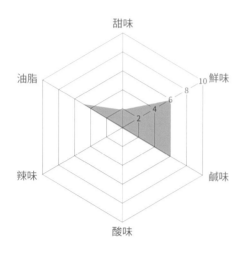

鮮味豐富的乳酪非常萬能百搭，幾乎可以跟所有食材相搭配。醬汁的濃稠度取決於加上鮮奶油後熬煮的溫度，由於還會再加熱因此使用在拌義大利麵時，最好不要過度熬煮得太濃稠。淋上熱乳酪醬的沙拉，是一道冷熱混合的新吃法，最好在葉菜變軟前享用。我們以米莫萊特乳酪來搭配牛排，但藍紋乳酪也很適合。若使用藍紋乳酪，可以根據個人口味添加芥末醬或黑胡椒，增添辛香味，以創造出更具有變化的風味。

藍紋乳酪醬

材料（2人份）
藍紋乳酪（Blue cheese） 30g
鮮奶油（乳脂肪含量35%） 100ml

將切碎的藍紋乳酪和鮮奶油放入小鍋中，用中火加熱（A）。充分攪拌，直至乳酪融化（B）。

帕馬森乳酪醬

材料（2人份）
帕馬森乳酪（Parmesan） 30g
鮮奶油（乳脂肪含量35%） 100ml

將刨碎的帕馬森乳酪和鮮奶油放入小鍋中，用中火加熱。充分攪拌，直至帕馬森乳酪完全融化。

米莫萊特乳酪醬

材料（2人份）
米莫萊特乳酪（Mimolette） 30g
鮮奶油（乳脂肪含量35%） 100ml

將刨碎的米莫萊特乳酪和鮮奶油放入小鍋中，用中火加熱。充分攪拌，直至米莫萊特乳酪完全融化。

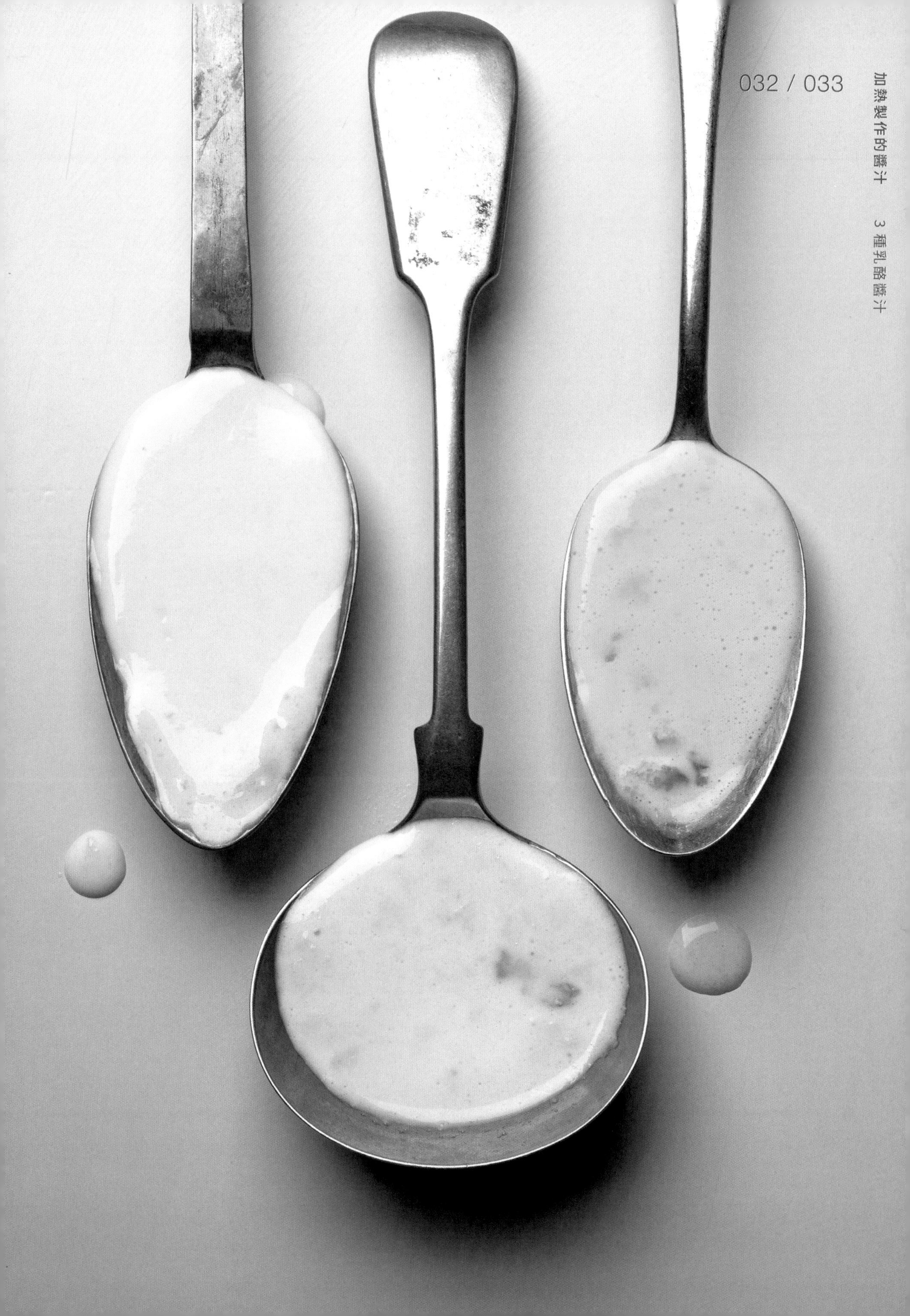

Baby leaf salad
× Parmesan sauce
recipe ⇨ p.036

034 / 035

加熱製作的醬汁

3 種乳酪醬汁

筆管麵

× 藍紋乳酪醬

材料（2 人份）
筆管麵　120g
鹽　適量
藍紋乳酪醬　全量（→ p.032）
黑胡椒　適量

1 將筆管麵放入鹽分為 1.2% 的沸水中（份量
　外），煮至包裝上標示的時間＋1 分鐘。
2 將瀝乾水份的筆管麵加入溫熱的藍紋乳
　酪醬中，拌勻。
3 盛盤，撒上適量的黑胡椒。

嫩葉沙拉

× 帕馬森乳酪醬

材料（2 人份）
生菜嫩葉　1 包
萵苣　4 片
小番茄　4 顆
櫻桃蘿蔔　2 顆
橄欖油　2 小匙
檸檬汁　1 小匙
鹽　少許
帕馬森乳酪醬　全量（→ p.032）

1 洗淨生菜嫩葉和萵苣，瀝乾水份。將萵苣
　撕成一口大小，小番茄和櫻桃蘿蔔切成 4
　等份的楔形。
2 將 1 的蔬菜放入碗中。加入橄欖油拌勻，
　加入檸檬汁和鹽拌勻。
3 盛在盤子中，淋上溫熱的帕馬森乳酪醬。

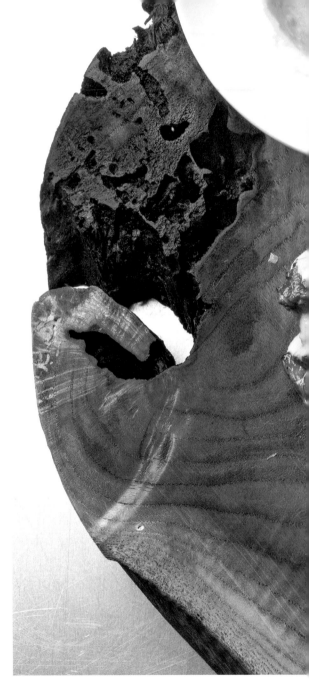

Beef steak

× 米莫萊特乳酪醬

材料（2 人份）
牛里脊肉（牛排用）　1 塊（300g，厚度 2cm）
鹽　適量
橄欖油　1 大匙
米莫萊特乳酪醬　全量（→ p.032）

1 將剛從冰箱取出的牛肉放在保鮮膜中，用
　肉錘輕輕敲打至厚度為 7 ～ 8mm (A)。
　將肉切成兩半，單面輕輕撒上鹽。在平底
　鍋中倒入橄欖油，以大火加熱約 1 分鐘。
　將撒鹽的那一面朝下放入鍋中，每 15 秒
　翻面一次，總共煎 2 分鐘。

2 取出煎好的肉，放在餐盤上並靠近爐子
　溫暖的地方靜置約 4 分鐘。從肉中滲出的
　肉汁可加入米莫萊特乳酪醬 (B)。

3 切成薄片，淋上溫暖的米莫萊特乳酪醬，
　撒上刨絲的米莫萊特乳酪 (份量外)。

瑪薩拉風味醬汁 Marsala style sauce

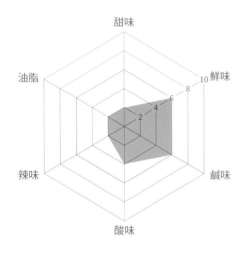

甜味　鮮味　鹹味　酸味　辣味　油脂

瑪薩拉酒是將白葡萄酒與白蘭地混合，以停止發酵並保留糖份製成的烈性葡萄酒 (Fortified)，但這次我們使用白葡萄酒＋白蘭地＋蜂蜜來替代。與甜酸類型的紅酒醬不同，這是一種鹹味類型的醬汁，所以請充分燉煮，最後再調整鹹味。在炒蘑菇的時候，加入香菇或鴻喜菇等其他菇類，可以增添風味。將薄切的豬肉快速煎過，然後淋上這種醬汁，即可完成豐富美味的料理。

材料 (2人份)
蘑菇　2～3朵
奶油　10g
白酒　60ml
白蘭地　1大匙
昆布高湯 *　100ml
蜂蜜　1小匙
醬油　1小匙
明膠粉 (無需浸泡)　5g
顆粒雞湯粉　¼小匙
黑胡椒　少許
玉米澱粉 (或葛粉)　適量
鹽　少許

＊ 昆布高湯…將水與1%的昆布一起浸泡一晚；或是以中火加熱至
　 80℃，冷卻後使用。

1 將蘑菇切成2mm厚度。
2 在小鍋中融化5g奶油，以小火炒蘑菇至金黃色。
3 加入白酒、白蘭地 (A)，溶解鍋底精華 (déglacer)。煮至
　 酒精揮發後，加入昆布高湯、蜂蜜、醬油、明膠粉、顆粒
　 雞湯粉和黑胡椒，用中火煮沸並煮至濃縮剩 ½ ～⅓ (約3
　 ～4分鐘)。熬煮得越久，風味越濃。
4 關火，加入5g奶油 (B)，一邊搖晃鍋子一邊乳化。
5 用同量的水 (份量外) 稀釋玉米澱粉，加入4調節濃度
　 (C)，最後以鹽調味。

Tips
○最好選擇價格便宜，具甜度的白葡萄酒。

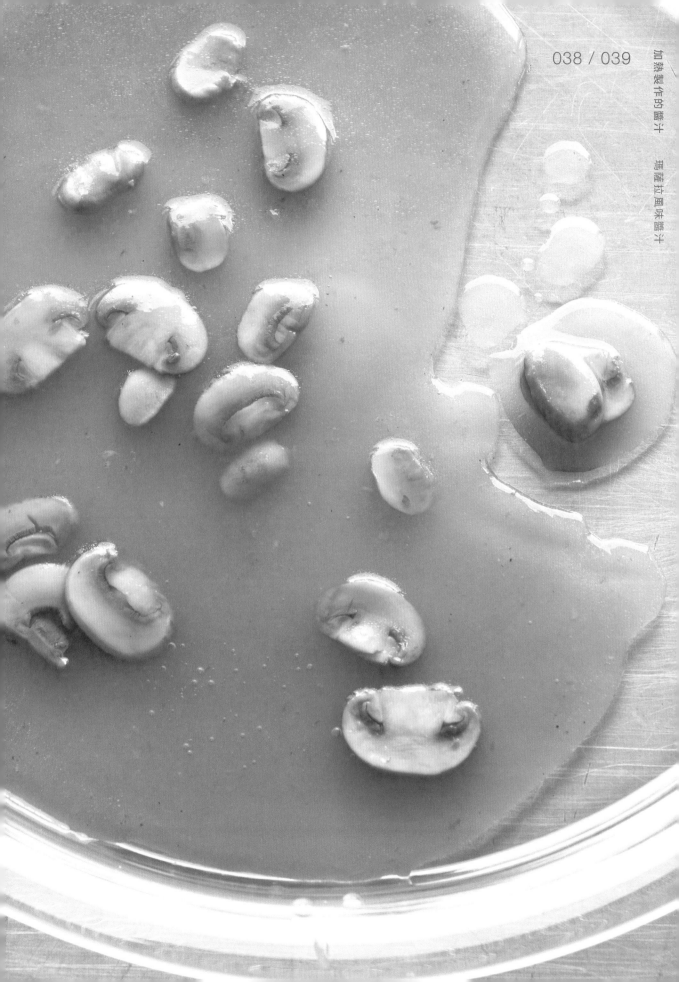

Sautéed pork tenderloin
× Marsala sauce
recipe ⇨ p.042

Sautéed chicken thighs
× Marsala sauce
recipe ⇨ p.042

香煎豬里脊

× 瑪薩拉風味醬汁

材料（2人份）
豬里脊（塊狀）　300g
鹽　適量
黑胡椒　適量
玉米澱粉（或麵粉）　適量
橄欖油　1大匙
薯條、烤小番茄　各適量（→ p.110）
馬薩拉風味醬汁　全量（→ p.038）
巴西利切碎　適量

1 豬里脊切成約1.5cm厚的塊狀，撒上鹽、黑胡椒和玉米澱粉。
2 將平底鍋用大火加熱，倒入橄欖油。放入豬肉後，轉小火，每面煎3～4分鐘，直到表面變成淺金黃色。當表面浮出少量肉汁時，關火，用餘熱再煎3～4分鐘，使其熟透。
3 將炸好的薯條、烤小番茄和2盛盤，淋上瑪薩拉風味醬汁，撒上巴西利碎。

香煎雞腿

× 瑪薩拉風味醬汁

材料（2人份）
雞腿肉　1塊（300g）
鹽　¼小匙
橄欖油　1小匙
奶油蒸蔬菜（四季豆、花椰菜、玉米筍）
　適量（→ p.110）
瑪薩拉風味醬汁　全量（→ p.038）
鹽之花（Fleur de sel）　少許

1 雞腿肉撒上鹽，靜置15分鐘以上。
2 平底鍋中倒入橄欖油，將雞皮朝下放入，以中火香煎。
3 用鍋鏟壓著雞腿肉，煎約1分鐘直到皮均勻上色後翻面，待另一面也煎上色後，再次翻面熄火，以餘溫煎3～4分鐘至熟透。
4 將奶油蒸蔬菜盛盤，淋上瑪薩拉風味醬汁。將煎好的雞腿切半放入，撒上鹽之花。

漢堡排

✕ 瑪薩拉風味醬汁

材料（2人份）

豬牛混合絞肉　200g

牛奶　2大匙

鹽　¼小匙多

砂糖　¼小匙多

磨碎的洋蔥　¼顆

麵包粉　10g

黑胡椒　適量

沙拉油　2小匙

酒　1大匙

雞蛋　2顆

瑪薩拉風味醬汁　全量（→ p.038）

薯條　適量（→ p.110）

1 將混合絞肉放入碗中，倒入溶解了鹽和砂糖的牛奶。冷藏10分鐘，讓肉吸收水份。

2 加入磨碎的洋蔥、麵包粉和黑胡椒，粗略地混合後分成兩份，整形成扁平圓餅狀。

3 在平底鍋中倒入沙拉油1小匙，小火加熱。打入雞蛋，當蛋黃周圍的蛋白變硬時熄火。

4 在另一個平底鍋中倒入沙拉油1小匙，中火加熱。加入2，煎約1分鐘至表面帶有焦色後翻面。轉至極小火，用廚房紙巾吸去多餘油脂。倒入酒，蓋上鍋蓋，燜蒸6～7分鐘。再次翻面，繼續燜蒸約4分鐘。

5 熄火，掀蓋，以餘熱加熱3～4分鐘。將流出的肉汁加入瑪薩拉風味醬汁。

6 將混有肉汁的瑪薩拉風味醬汁倒在盤內，放上漢堡排，再擺上3的荷包蛋和薯條。

柳橙醬汁 Orange sauce

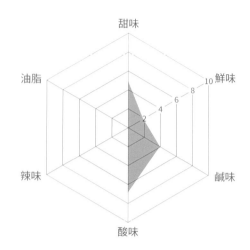

傳統的柳橙醬汁通常會以「Gastrique」步驟增添風味。Gastrique是將醋和砂糖加熱至焦糖化，將蔗糖轉化為葡萄糖和果糖的混合物。在這個食譜中，我們使用具有葡萄糖甜味的味醂代替，使其味道清爽，苦味較少。由於這是一種酸甜味的醬汁，因此與魚肉等含有鮮味食材的相容性較好。由於雞胸肉的脂肪含量比豬肩肉少，因此搭配的醬汁在完成時添加奶油是關鍵。

材料（2人份）
柳橙汁　100ml
味醂　50ml
明膠粉（無需浸泡）　5g
醬油　1小匙
顆粒雞湯粉　⅛小匙
玉米澱粉（或葛粉）　1大匙

1 將味醂倒入小鍋中，中火加熱濃縮至剩下半量左右。加入柳橙汁、明膠粉、醬油和顆粒雞湯粉 (A)，繼續加熱濃縮至剩下半量 (B)。
2 將玉米澱粉與同等份量的水（份量外）混合，加入1調整至想要的濃度 (C) (D)。

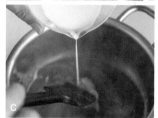

變化款 Arrangement

"柳橙奶油醬 Orange butter sauce"
在最後加入10g的奶油。

"柳橙甜辣醬 Orange chili sauce"
在最後加入1 ～ 2小匙的甜辣醬 (E)。

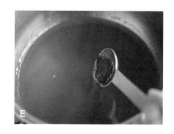

跳進嘴裡
Saltimbocca

✕ 柳橙醬汁

材料（2人份）
豬肩肉（適合煎烤用）　2片（每片180g，厚度2cm）
生火腿　2片
鹽　適量
麵粉　適量
橄欖油　1大匙
柳橙醬汁　全量（→ p.044）
奶油蒸蔬菜（四季豆）　適量（→ p.110）

1 將豬肩肉夾在保鮮膜中，輕輕敲打至平幣。
　在一面撒上鹽，放上生火腿，篩上麵粉。

2 在平底鍋中倒入橄欖油，中火加熱。將豬
　肉放入平底鍋中，生火腿面朝下。

3 等到一面煎至焦黃後翻面，再繼續煎。鍋
　底留下焦香部分（豬肉的鮮美成分）保留，
　多餘的脂肪用廚房紙巾吸去。

4 將柳橙醬汁加入平底鍋中（B），同時用湯匙
　將豬肩肉淋上醬汁，續煎3～4分鐘（C）。

5 盛盤，配上奶油蒸蔬菜。

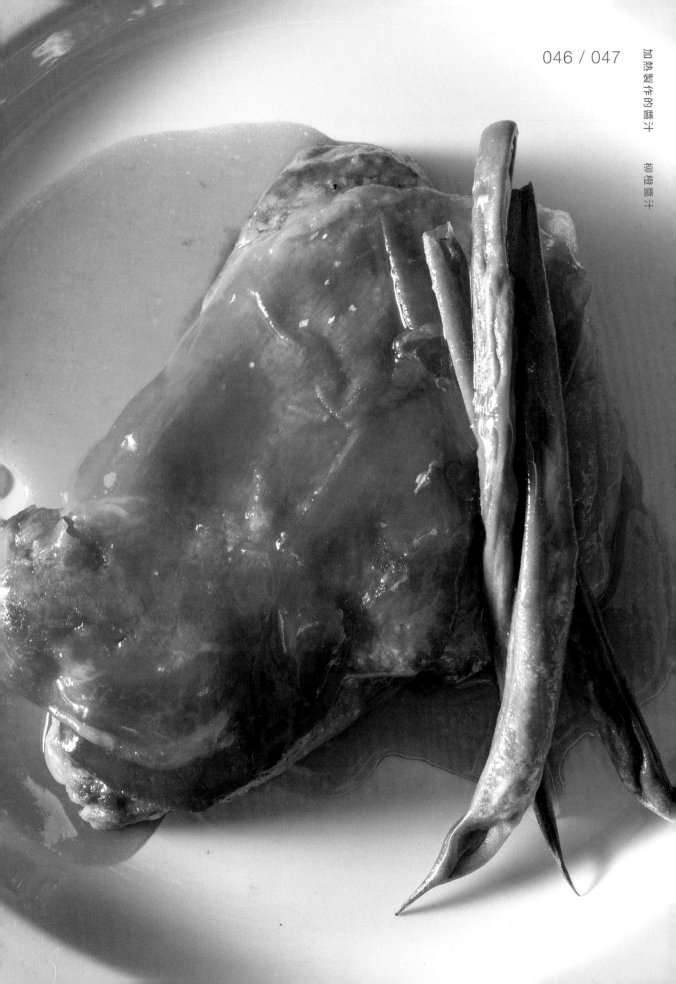

嫩煎雞胸

× 柳橙奶油醬

材料 (2人份)

雞胸肉　1片 (250g)

鹽　適量 (肉重的0.8%)

橄欖油　2大匙

柳橙奶油醬　全量 (→ p.044)

1 雞肉撒上鹽，靜置15分以上。

2 平底鍋中倒入橄欖油，將雞皮朝下放入，蓋上鋁箔紙，以中火煎烤。聽到劈啪聲響後，轉小火繼續煎烤約20分鐘。

3 取下鋁箔紙，翻面再煎約5分鐘 (A)。盛起，蓋上鋁箔紙靜置約10分鐘。鍋底留下焦香部分 (雞肉的鮮美成分) 保留，多餘的脂肪用廚房紙巾吸去 (B)。

4 直接在同一平底鍋中加入柳橙奶油醬並加熱，並將雞肉中滲出的肉汁加入 (C)。

5 將柳橙奶油醬倒在盤中，放上切成2cm厚的雞胸肉。

炸酥白肉魚

× 柳橙甜辣醬

材料（2 人份）
白肉魚（切片，如鯛魚或鱸魚） 2 片
【麵衣】
　　麵粉　60g
　　蛋黃　1 個
　　啤酒（或氣泡水）　60ml
　　蛋白　1 個
沙拉油　適量
柳橙甜辣醬　全量（→ p.044）
燉飯　適量（→ p.111）
帕馬森乳酪（Parmesan）　適量

1　製作麵衣。在碗中放入麵粉、蛋黃和
　　啤酒，攪拌均勻。
2　在另一個碗中打發蛋白，直到呈現
　　泡沫狀，然後加入 1 中，輕輕攪拌，
　　避免泡沫消失。
3　白肉魚切成一半，用竹籤刺穿，然
　　後在表面均勻裹上少量麵粉（份量
　　外）。然後浸入 2 的麵衣中，以預熱
　　至 170℃的沙拉油快速炸至金黃。
4　在盤中盛入燉飯，淋上柳橙甜辣醬。
　　然後擺上炸好的魚，撒上帕馬森乳
　　酪絲。

Tips
○ 白肉魚較薄，可以透過刺穿的竹籤來增
　　加體積感。

芝麻醬 Sesame sauce

這個醬汁最初是為了搭配鴨肉或鴿肉而設計，但它的多功能性是其特點。這個芝麻醬可以與任何食材搭配得宜，具有廣泛的適用性。然而，由於這款芝麻醬甜味、鮮味、酸味和鹹味的平衡都很好，所以很適合具有獨特風味的主食材，像是下一頁的羊肉。或者佐以蔬菜，可以將表面炙燒、添加香料等，這樣可以製作出更有趣的料理。鱈魚味道較淡，因此我們將其浸泡在醬油和味醂中，以帶出它的風味與香氣。你也可以用鮭魚來取代鱈魚。

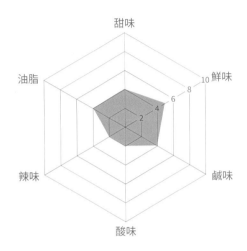

材料 (2人份)

炒芝麻　20g
紅酒醋　1大匙
細砂糖 (或上白糖)　2小匙
白葡萄酒　50ml
昆布高湯*　100ml
顆粒雞湯粉　¼小匙
第戎芥末醬　1小匙
奶油　10g
鹽　少許

＊ 昆布高湯…將水與1%的昆布浸泡過夜；或以中火加熱至
　80℃，冷卻後使用。

1　在小鍋中加入紅酒醋和細砂糖，小火加熱。成為焦糖狀 (A) 時，離火，然後一次加入白葡萄酒 (B)。

2　再次加熱，當煮至濃縮成半量時 (C)，加入昆布高湯和顆粒雞湯粉，再煮約1分鐘。

3　將第戎芥末醬、奶油、炒芝麻和少許鹽一起放入果汁機中 (D)，攪打至光滑狀即完成。

Sautéed lamb chops
× Sesame sauce
recipe ⇨ p.056

煎羊排

✕ 芝麻醬

材料（2人份）
羊排　4片
鹽　適量
麵粉　適量
蛋液　1個
炒芝麻　適量
橄欖油　1大匙
芝麻醬　全量（→ p.053）
薯條、奶油蒸蔬菜
　　（四季豆）　各適量（→ p.110）

1 將羊排輕輕敲至平整，撒上鹽。將麵粉均勻撒
　在一面，然後浸入蛋液，再沾上炒芝麻。
2 平底鍋倒入橄欖油，中火加熱。先煎羊排脂肪
　的部分 (A)，直到脂肪開始融化，煎至脂肪表
　面呈金黃色後，轉小火，將羊排芝麻的那一面
　朝下煎 (B)，煎至金黃色後，翻面 (C)。再煎
　2分鐘關火，利用餘熱續煎約3分鐘。
3 在盤子中倒入芝麻醬，將羊排盛盤，並搭配薯
　條和奶油蒸蔬菜。

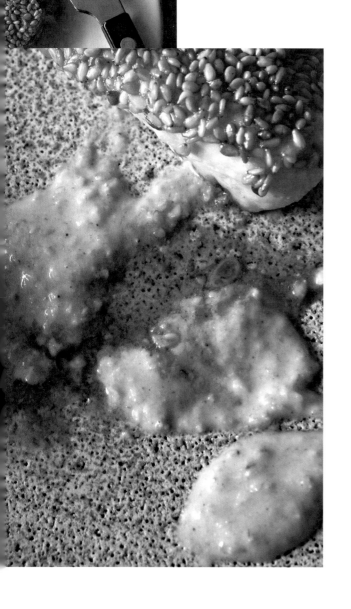

煎旗魚

× 芝麻醬

材料（2人份）
旗魚（切片）　2片
醬油　1小匙
味醂　1小匙
麵粉　適量
蛋液　1個
炒芝麻　適量
橄欖油　1大匙
青江菜　1株
芝麻醬　全量（→ p.053）

1 將醬油和味醂混合，將旗魚浸漬約10分。青
　 江菜切成4等份，然後對切成一半，加點鹽煮
　 熟（份量外），然後放入冷水中。
2 用廚房紙巾輕輕擦乾鮪魚釋出的水份。將麵粉
　 均勻撒在一面，然後浸入蛋液，再沾上炒芝麻。
3 在平底鍋中倒入橄欖油，中火加熱。將旗魚沾
　 有芝麻那一面放入平底鍋中。煎至金黃色後翻
　 面。關火，利用餘熱將旗魚煎熟約3分鐘。
4 在盤中倒入芝麻醬，將旗魚和擠乾水份的青江
　 菜盛盤，並淋上煎魚平底鍋中的汁液。

炙烤蔬菜

× 芝麻醬

材料（2人份）

蕪菁　1個
紅椒　1個
櫛瓜　1根
南瓜　⅛個
橄欖油　適量
鹽之花（Fleur de sel）　少許
芝麻醬　適量（→ p.053）

1　蕪菁去莖留約1cm，切成四等分的楔形。剩下的莖切成約5cm長。

2　南瓜切成方便入口的大小，抹上1小匙的橄欖油，放入預熱至250℃的烤箱中烤約20分鐘。加入蕪菁莖，再烤5分鐘。

3　紅椒在瓦斯爐上烤至皮焦黑，放入碗中用保鮮膜覆蓋，燜至冷卻（A）。待涼後，用廚房紙巾擦拭去皮（B），去蒂和種籽後，切成6等分。留下一些焦黑的皮會讓味道更香。

4　櫛瓜縱切半。在平底鍋中加入½小匙的橄欖油，小火加熱。將櫛瓜的切面朝下放入鍋中，慢慢煎約20分鐘，翻面再煎約5分鐘（C）。

5　將炙烤好的蔬菜擺盤，撒上鹽之花，附上芝麻醬。

A

B

C

櫻花蝦奶油醬汁 Shrimp cream sauce

「Sauce américaine」的美味，是來自甲殼類的殼，我想要快速的展現這樣的美好風味。因此，想到使用乾燥的櫻花蝦來製作。透過果汁機的攪打，可以完整地品嚐櫻花蝦的風味。使用製作大阪燒的櫻花蝦即可。雖然這款醬汁是與海鮮搭配，但與雞肉也很適合，是一款應用範圍廣泛的醬汁。將剩的冷飯煮成類似燉飯來搭配，也非常美味。在拍攝時，和義大利麵的組合特別受到好評。

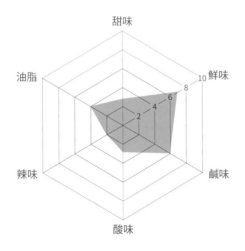

材料（2 人份）
櫻花蝦　5g
白葡萄酒　50ml
番茄糊（Tomato paste）　1大匙
鮮奶油（脂肪含量35%）　50ml
水　80ml
顆粒雞湯粉　⅛小匙
鹽　少許
白蘭地　適量

1 將櫻花蝦放入鍋中，用中火炒香 **(A)**。當香味釋放出來後，加入白葡萄酒 **(B)**，加熱約 30 秒以蒸發酒精。

2 加入番茄糊、鮮奶油、水、顆粒雞湯粉 **(C)**，煮沸後倒入果汁機中 **(D)** 攪打 **(E)**。

3 倒回鍋中加熱，加入適量的鹽，根據個人口味加入幾滴白蘭地調味。

Sautéed scallops
× Shrimp cream sauce
recipe ⇨ p.064

嫩煎干貝

╳ 櫻花蝦奶油醬汁

材料（2人份）
干貝　6個
鹽　適量
橄欖油　2小匙
燉飯　適量（→ p.111）
櫻花蝦奶油醬汁　全量（→ p.060）

1 干貝撒上鹽，塗上橄欖油。
2 平底鍋高溫加熱，放入1香煎。當表面出現金
　黃色後，翻面並關火，靜置2～3分鐘讓其熱
　度均勻滲透干貝。
3 在盤中盛上燉飯和煎好的干貝，在周圍淋上櫻
　花蝦奶油醬汁。

奶油蝦汁細麵

╳ 櫻花蝦奶油醬汁

材料（2人份）
義大利細麵（Fedelini）　120g
鹽　適量
鮮奶油（乳脂肪含量35%）　30ml
櫻花蝦奶油醬汁　全量（→ p.060）
黑胡椒　適量

1 煮沸的水加入1.2%的鹽（份量外），將義大利
　細麵按照包裝上的說明時間煮熟。
2 在平底鍋中加入鮮奶油和櫻花蝦奶油醬汁，中
　火加熱。當沸騰後，轉小火煮2～3分鐘。
3 瀝乾水份的義大利細麵加入平底鍋中，輕輕拌
　勻，盛在盤中，撒上大量黑胡椒。

煎鱈魚

╳ 櫻花蝦奶油醬汁

材料（2人份）
鱈魚（切片）　2片
鹽　適量
馬鈴薯　1個
橄欖油　1小匙
櫻花蝦奶油醬汁　全量（→ p.060）
平葉巴西利　適量

1 鱈魚撒上鹽，靜置15分以上。
2 馬鈴薯去皮，切成1.5cm的方塊。
　將馬鈴薯放入小鍋中，加入足夠的
　水和少許鹽，中火加熱。水沸騰後
　轉小火，煮5～6分鐘直到竹籤能
　輕易刺入馬鈴薯。
3 倒去鍋中的水，再次用小火加熱使
　馬鈴薯表面的水份蒸發。
4 用廚房紙巾擦乾鱈魚釋出的水份。
　平底鍋中倒入橄欖油，中火加熱，
　將鱈魚皮朝下放入鍋中。煎約3分鐘
　至表面呈現金黃色後翻面，關火用
　餘熱再煎約1分鐘。
5 將醬汁淋在鱈魚上（A）。再次用中
　火加熱，邊攪拌邊煮至沸騰。
6 將馬鈴薯和5的鱈魚盛盤，放上巴西
　利裝飾。

蜂蜜醬油 Honey soy sauce

這是一種廣受歡迎的甜辣風味。經常會被問到「可以用砂糖代替蜂蜜嗎?」但答案是否定的。蜂蜜的黏稠度很重要,而砂糖(蔗糖)只會引起焦糖化反應(Caramel reaction),不容易產生梅納反應(Maillard reaction)。與此相反,蜂蜜的甜味來自葡萄糖和果糖,更容易與醬油和其他氨基酸產生梅納反應,形成複雜的風味。

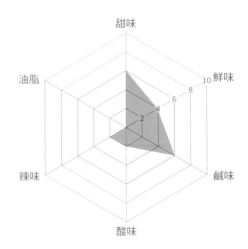

材料(2人份)
蜂蜜　50g
醬油　2大匙
蒜末　½瓣
芥末籽醬　1大匙
紅酒醋　1小匙

將所有材料放入碗中拌勻 (A)。

A

Tips
○ 可以用薑代替大蒜,也很好吃。
○ 紅酒醋可以用其他醋代替。
○ 在冰箱中可保存約1週。

五花豬排

材料(2人份)
豬五花(1塊)　300g
水　適量
蜂蜜醬油　全量
黑胡椒　適量

1 將豬五花放入鍋中,注入足夠的水。中火加熱,煮沸後轉小火煮約1.5小時。熄火後,讓其冷卻 (A)。過濾煮汁,可以作為湯底使用。
2 豬五花切成一半厚度。平底鍋以中火加熱,放入豬五花香煎,並用廚房紙巾擦掉釋出的油脂 (B),煎至兩面呈現金黃色。
3 轉小火,加入蜂蜜醬油,用湯匙反覆淋在豬五花上,讓其均勻覆蓋。
4 盛盤,撒上適量的黑胡椒。

A

B

Sautéed chicken wings
× Honey soy sauce
recipe ⇨ p.070

煎雞中翼

× 蜂蜜醬油

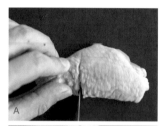

材料 (2人份)
雞中翼　8支
菠菜　½束
橄欖油　1小匙
蜂蜜醬油　全量 (→ p.066)

1 雞中翼先在關節附近切一刀 (A)，用雙手折斷關節 (B)，
　切去中翼骨部分，將肉往上推，使肉變厚，增加口感。
　切下的骨可以用於熬湯。
2 菠菜以鹽水燙熟 (份量外)，撈起後放入冷水中。
3 平底鍋倒入橄欖油，加熱後加入1的雞中翼。中火加熱，
　翻面煎至兩面金黃色。

4 用廚房紙巾將釋出的油脂吸乾淨 (D)，加入蜂蜜醬油，
　轉小火煮，一邊澆淋上醬汁，一邊加熱至熟透 (E)。
5 盤中盛上擠乾水份的菠菜，再擺上4的雞中翼，最後將
　鍋中剩下的醬汁淋上。

鮭魚排

× 蜂蜜醬油

材料 (2人份)
鮭魚 (腹部較佳，切片)　2片
蜂蜜醬油　全量 (→ p.066)
熱飯　適量
西洋菜 (watercress)　適量

1 在平底鍋中放入鮭魚，中火加熱。翻面煎至兩面都呈金
黃色後，用廚房紙巾擦去釋出的油脂。
2 加入蜂蜜醬油，調至小火，一邊澆淋蜂蜜醬油一邊加熱。
3 在盤中盛入飯與煎好的鮭魚排，淋上醬料，擺上西洋菜，
最後倒上鍋中剩餘的醬汁。

金針菇排

✕ 蜂蜜醬油

材料（2人份）
金針菇底部　1個
奶油　30g
溫泉蛋的蛋黃　1個
蜂蜜醬油　2大匙（→ p.066）

1 將平底鍋加熱至中火，加入奶油融化。當加熱至出現泡泡時，加入金針菇排，用湯匙淋上融化的奶油，煎至兩面呈現金黃色。

2 淋上蜂蜜醬油，一邊澆淋同時加熱。

3 將2盛盤，並擺上溫泉蛋的蛋黃，醬汁與蛋黃攪拌均勻一起享用。

Tips
○ 也可以使用厚的炸豆腐或傳統豆腐來製作，同樣美味。

Chapter 2

混合即可完成的醬汁

過去的法國料理，傳統上認為應該在溫熱的菜餚上
使用加熱的醬汁，若是在溫熱的菜餚上搭配蛋黃醬
（美乃滋）是禁忌。但在西班牙，在燉飯或煎蛋餅
等溫熱的菜餚上，搭配蛋黃醬為基礎的蒜味蛋黃醬
（Aioli）是很普遍的。而在義大利料理中，也經常
將煮過的肉類搭配混合即可完成的醬汁，例如綠莎
莎醬（Salsa verde）。

近年來，隨著料理變得越來越國際化，已經不再受
到這些傳統的限制。現代的醬汁變得更加自由。奇
米丘里醬（Chimichurri sauce）也是一種非常流
行，混合即可完成的醬汁，並傳播到世界各地。

這些醬汁有一個共同點，那就是使用香味濃郁的油
作為基礎。由於醬汁中含有油脂，因此最好搭配低
脂肪的食材。

奇米丘里醬 (阿根廷莎莎醬)
Chimichurri sauce

這個食譜中的奇米丘里醬原本以巴西利 (Parsley) 和
大蒜為基礎，但在這個配方中省去了大蒜，並加入
了洋蔥和香菜 (Cilantro)。如果你想要大蒜的風味，
可以添加一瓣切碎的大蒜。這種醬原本是用來搭配
烤肉等燒烤料理，所以適用於烤雞或豬肉等各種肉
類料理。由於這種醬類似於配菜 (Garnish)，因此
可以根據需要進行調整。這個食譜介紹了加入奇異
果的配方，但加入鳳梨也很適合。

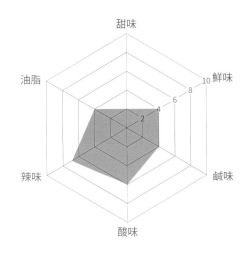

材料 (2 人份)
洋蔥 (切末)　80g
鹽　½ 小匙
糖　1 小匙
巴西利　10g
香菜　10g
青辣椒　½ 根 (或柚子胡椒 ½ 小匙)
鯷魚　1 片
橄欖油　2 大匙
白酒醋　1 大匙
黑胡椒　適量

1 將洋蔥切成細末，與鹽和糖混合。待洋蔥變軟後，用
　廚房紙巾擰乾水份。把巴西利、香菜和青辣椒切碎，
　鯷魚用刀背拍碎。如果香菜有莖，也將莖一起切碎。
2 將所有材料和橄欖油、白酒醋、黑胡椒放入碗中拌勻
　(A)。

變化款 Arrangement

**"奇米丘里奇異果醬
Chimichurri kiwi sauce"**

加入切成 ½ 個的奇異果 (切成 1cm 丁)，
混合。

**"奇米丘里梅子蛋黃醬
Chimichurri plum mayo sauce"**

加入 1 大匙蛋黃醬和梅子果肉 (1 個份
量，用刀身拍成泥)，混合。

**"奇米丘里番茄醬
Chimichurri tomato sauce"**

加入 1 個番茄 (去皮去籽，切成 1.5cm
丁) 和切碎的 ½ 顆大蒜，混合。

Thick-sliced pepper steak
✕ Chimichurri sauce
recipe ⇨ p.078

A

厚切黑胡椒牛排

✕ 奇米丘里醬

材料（2人份）
牛瘦肉（牛排用。澳洲產）
　1片（300g・厚約2cm）
鹽　適量（肉重量的0.8%）
橄欖油　1大匙
黑胡椒　適量
奇米丘里醬　全量（→ p.075）

1 冷藏後取出的牛肉撒上鹽，用保鮮膜包裹，用
　錘子敲打至厚約1cm。在表面塗抹橄欖油，
　撒上粗磨的黑胡椒。
2 預熱烤盤，用大火加熱約1分鐘。將1的牛肉
　放上，每30秒翻面一次，總共烤2分鐘。若
　使用平底鍋，不需在肉上塗抹橄欖油，直接在
　平底鍋中煎至同樣程度。
3 取出放在靠近爐子的溫暖位置靜置約2分鐘，
　然後再用大火每面煎30秒。
4 盛盤，澆上豐富的奇米丘里醬。

薄切白肉魚

✕ 奇米丘里奇異果醬

材料（2人份）
白肉魚（生魚片用。鯛魚）　1片
鹽　適量
奇米丘里奇異果醬　半量（→ p.075）
香菜葉　適量

1 白肉魚切成薄片鋪在盤中，輕輕撒上鹽。
2 淋上切奇米丘里奇異果醬，將切碎的香菜葉撒
　在上面。

Tips
○ 也可以淋在單純的煎魚上，味道也很好。

炸茄子

╳ 奇米丘里梅子蛋黃醬

材料 (2 人份)
茄子　2 條
太白粉　適量
沙拉油　適量
奇米丘里梅子蛋黃醬　全量 (→ p.075)

1 茄子去蒂，縱切成四等分的楔狀，均勻沾上太
　白粉。
2 在平底鍋中倒入足夠的沙拉油，約 1 ～ 2 公分
　深，加熱至 170℃。放入茄子，炸至表面金黃
　酥脆，撈出瀝油。
3 盛盤，淋上奇米丘里梅子蛋黃醬，即可享用。

炸沙丁魚

╳ 奇米丘里番茄醬

材料 (2 人份)
沙丁魚　小 4 尾
鹽　適量
麵粉　適量
沙拉油　適量
奇米丘里番茄醬　全量 (→ p.075)

1 沙丁魚去內臟，以流水沖洗乾淨。用廚房紙巾
　將水份吸乾，輕輕撒上鹽，均勻沾上麵粉。
2 在平底鍋中倒入足夠的沙拉油，約 1 ～ 2 公分
　深，加熱至 160 ℃。放入沙丁魚，翻面一次，
　共炸約 5 分鐘至表面金黃酥脆，撈出瀝油。
3 盛盤，淋上奇米丘里番茄醬享用。

綠莎莎醬 Salsa verde

如同義大利語它的名字一樣，充分展現了巴西利（Parsley）的翠綠色。巴西利分為我們在日本熟悉的捲葉巴西利和平葉的義大利巴西利，但它們的香氣成分相同，所以我們可以使用價格較低的捲葉巴西利。你可以用食物料理機，或者用刀仔細切碎，或者用杵和臼搗碎，都可以製作這個醬汁。雖然這裡介紹的是搭配煮熟魚肉的傳統吃法，但這個醬汁也適合配搭牛排、鰹魚或鮪魚的生魚片。

材料 (2 人份)
巴西利葉　15g
麵包粉　5g
紅酒醋　½ 小匙
鯷魚　1 片
酸豆　5g
煮熟的蛋黃 (全熟的水煮蛋中取出)　1 個
橄欖油　6 大匙
細砂糖 (或上白糖)　¼ 小匙

1 將巴西利葉切碎。
2 在食物料理機中加入1、麵包粉、紅酒醋、鯷魚、酸豆、水煮蛋黃、橄欖油3大匙攪打 (A)。混合均勻後，再加入橄欖油3大匙，持續攪打直至變得光滑 (B)。

Tips
○加入熟蛋黃可增添滑順風味。

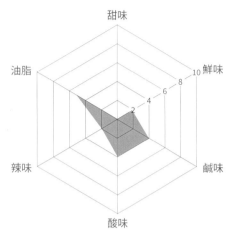

Poached salmon
× Salsa Verde
recipe ⇨ p.086

Boiled chicken
× Salsa Verde
recipe ⇨ p.086

混合即可完成的醬汁

綠莎莎醬

水煮鮭魚

× 綠莎莎醬

材料（2人份）
鮭魚（切片） 2片
鹽 適量
昆布高湯＊ 500ml
奶油蒸蔬菜（蕪菁、甜豆） 適量（→ p.110）
綠莎莎醬 半量（→ p.083）

＊昆布高湯…將水與1%的昆布浸泡過夜；或以中火加熱至80℃，
冷卻後使用。

1 將鮭魚撒上鹽，靜置15分以上。
2 鮭魚放入鍋中，倒入昆布高湯。用中火加熱至約80℃
（鍋底冒小氣泡即可），然後關火，蓋上鍋蓋，靜置1～
2分鐘用餘熱將魚燜熟。用筷子夾住鮭魚的邊緣，若魚
肉可以輕易剝離成薄片狀，即表示已煮熟 (A)。
3 在盤子中放上已瀝乾水份的鮭魚和奶油蒸蔬菜，淋上綠
莎莎醬。

雞腿卷

× 綠莎莎醬

材料（2人份）
雞腿肉 1塊（300g）
鹽 適量（肉重量的1%）
綠花椰 適量
玉米筍 適量
綠莎莎醬 半量（→ p.083）

1 將雞肉撒上鹽，靜置15分以上。將皮朝外捲起，用繩
子在4～5處綁緊。
2 將1放入鍋中，加入足夠覆蓋雞肉的水（約500～
600ml），用中火加熱。保持火力不至於沸騰，煮約15
分鐘。
3 加入分成小朵的綠花椰和玉米筍 (A)，再煮約5分鐘。
如果煮汁不足，可隨時添加水。煮好的湯汁可以過濾後
留作清湯使用。
4 取出煮好的雞腿，解開繩子，切成約2cm厚的片狀。
5 在盤子中擺上瀝乾水份的綠花椰和玉米筍，再放上切好
的雞腿肉，搭配綠莎莎醬。

蔬菜白豆湯

╳ 綠莎莎醬

材料（2～3人份）

培根（整塊）　50g

洋蔥　¼顆

胡蘿蔔　¼條

綠花椰　30g

白花椰　30g

小番茄　4顆

白腰豆（罐頭）　200g

橄欖油　1大匙

鹽　¼小匙

水　500ml

綠莎莎醬　適量（→ p.083）

1 將培根切成小丁，洋蔥切成 1 cm 大小的塊。胡蘿蔔切成與培根一樣的大小。將綠花椰和白花椰分成小朵。小番茄切成四瓣。白腰豆輕輕沖洗，瀝乾水份。

2 在一個厚底鍋中加入培根、洋蔥、橄欖油和鹽，用中火加熱翻炒。覆蓋鍋蓋，待聽到滋滋作響聲音後轉小火，炒至食材變軟。

3 取下蓋子，加入胡蘿蔔、白腰豆和水。調至中火，煮至沸騰後轉小火，再煮約 10 分鐘。

4 加入綠花椰和白花椰，再煮 3～4 分鐘，關火後加入小番茄。

5 將湯倒入碗中，加入綠莎莎醬，攪拌後即可享用。

蒜味蛋黃醬 Aioli

混合即可完成的醬汁　蒜味蛋黃醬

使用攪拌器製作蛋黃醬非常簡單，但請確保蛋已回溫至室溫。若蛋太冰涼，分子的運動會變慢，可能導致乳化失敗。蒜味蛋黃醬是一種帶有蒜味的蛋黃醬（美乃滋）。除了烤肉或烤魚之外，這種醬還可以與炸物等搭配，並且可冷藏保存5天，因此非常實用。如果太濃稠，可用牛奶稀釋。

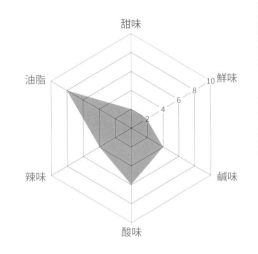

材料（2人份）
自製蛋黃醬　70g
蒜泥　⅓～½小匙

將蛋黃醬和蒜泥混合在一起。

自製蛋黃醬

材料（約 250g）
雞蛋　1顆（回溫至室溫）
沙拉油　200ml
第戎芥末醬　2小匙
檸檬汁　2小匙
鹽　¼小匙
白胡椒　少許

1 製作蛋黃醬。將所有材料放入杯子（直徑約6.5～8.5cm，底部平坦的塑膠量杯或燒杯等），插入手持攪拌器。
2 起初不要太快地攪拌（A）。當開始乳化，慢慢上下移動手持攪拌器，將整體混合進一步乳化。

變化款 Arrangement

"羅勒蒜味蛋黃醬 Basil aioli sauce"
將羅勒10g在研磨碗或攪拌器中研磨至細碎（A），加入70g蒜味蛋黃醬混合（B）。

"開心果蒜味蛋黃醬 Pistachio aioli sauce"
將烤開心果25g（A）和70g蒜味蛋黃醬放入手持攪拌器中攪打（B），加入1小匙檸檬汁混合。根據喜好，可以攪拌到完全滑順，或者保留一些堅果的質地。

Oven baked salmon
× Basil aioli sauce
recipe ➪ p.092

Oven-roasted chicken thighs
× Pistachio aioli sauce
recipe ⇨ p.092

090 / 091

混合即可完成的醬汁

開心果蛋黃醬

箱烤鮭魚

× 羅勒蒜味蛋黃醬

材料（2 人份）
鮭魚片　2 片
小番茄　200g
四季豆　80g
橄欖油　3 大匙
鹽　適量
羅勒蒜味蛋黃醬　半量（→ p.089）

1 鮭魚輕輕撒上鹽，靜置 15 分以上。
2 去除小番茄的蒂，切成一半。切去四季豆的蒂，斜切成一半。將小番茄和四季豆放入碗中，加入橄欖油和 ¼ 小匙的鹽，拌勻。
3 烤盤鋪上烘焙紙，排放小番茄和四季豆。在上方放鮭魚，在預熱至 230℃的烤箱中烤約 10 分鐘，將羅勒蒜味蛋黃醬淋在鮭魚上。

箱烤雞腿

× 開心果蒜味蛋黃醬

材料（2 人份）
雞腿肉　1 塊（300g）
鹽　適量
馬鈴薯　2 個
洋蔥　¼ 個
麵包粉　10g
巴西利切碎　5g
大蒜切碎　½ 瓣
第戎芥末醬　1 大匙
橄欖油　2 大匙
開心果蒜味蛋黃醬　半量（→ p.089）

1 將雞腿肉切成一口大小，輕輕撒上鹽。削去馬鈴薯皮，切成 1cm 厚的片，用 1% 的鹽水（份量外）煮至軟。將洋蔥切成薄片。混合麵包粉、巴西利和大蒜碎，製成香料麵包粉（A）。
2 在烤盤上鋪烘焙紙，放入馬鈴薯片，擺放洋蔥、雞腿肉皮朝上，撒上鹽。
3 在雞皮上塗抹第戎芥末醬（B），撒上香料麵包粉，再淋上橄欖油，放入預熱至 230℃的烤箱中烤約 25 分鐘。將開心果蒜味蛋黃醬分散淋在各處，邊拌勻邊享用。

Chapter 3

蔬菜泥醬汁

將蔬菜泥（Puree）作為醬料是最近的趨勢。加入豐富的奶油可以使口感濃郁滑順，但也會讓味道變得厚重，因此這次我們調整了油脂的用量。

蔬菜泥醬汁可以冷凍保存，所以有空時可以提前準備，省去不少麻煩。濃郁的蔬菜泥不僅可以做為配菜（Garnish），還可以作為醬料，特別是在結合主食材和副食材方面發揮了重要作用。

這次我們介紹的是以主食材＋碳水化合物＋蔬菜泥醬汁，搭配成「一盤即滿足的料理」。與咖哩飯或牛肉燉飯相比更為清爽，還能攝取當季的蔬菜，更健康。蔬菜泥的製作讓風味變得更甜美，因此也更受孩子們喜愛。

含有澱粉的南瓜是製作泥狀醬料的理想蔬菜。使用品質穩
定的冷凍南瓜也是一個不錯的選擇。為了增加甜度，我們
添加了薑汁調味，但您可以根據個人口味選擇省略。南瓜
泥醬汁將照燒鰤魚和奶油飯連接在一起。由於可以多做一
些備用，如果有剩餘的話，可以冷凍保存，或者添加牛奶
稀釋後做成南瓜濃湯。

材料（便於製作的份量）
南瓜　200g
橄欖油　1大匙
水　100ml
鹽　¼小匙
牛奶　100ml
薑汁　適量

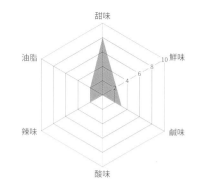

1 削皮的南瓜切成5mm厚度的片狀。保留削下的皮，用於此頁下方的酥粒。

2 在鍋中放入南瓜、橄欖油、水、鹽，中火加熱。蓋上鍋蓋，待冒出蒸氣後轉小火，煮約5分鐘（A）。

3 將步驟2煮熟的南瓜、牛奶和適量薑汁（約½小匙）放入攪拌機中（B），攪拌至順滑（C）。

照燒鰤魚

材料（2人份）
鰤魚片　2片
橄欖油　1小匙
酒　2大匙
醬油　2大匙
味醂　2大匙
砂糖　1大匙
奶油　10g
奶油飯　適量（參見p.111）
巴西利切碎　適量
南瓜泥醬汁　適量
南瓜皮和葡萄乾的酥粒　適量

1 在平底鍋中加入橄欖油，用中火加熱。加入鰤魚片，煎至兩面呈現焦糖色後翻面。加入除了奶油以外的調味料，一邊用湯匙淋上醬汁，一邊將調味料收汁。

2 加入奶油，同時搖晃鍋子使其乳化。

3 將切碎的巴西利拌入奶油飯，和鰤魚片一起盛盤，淋上南瓜泥醬汁，最後撒上南瓜皮和葡萄乾的酥粒作裝飾。

南瓜皮和葡萄乾的酥粒

材料（2人份）
南瓜皮（南瓜泥醬汁製作時切下的）　全量
橄欖油　2小匙
葡萄乾　1小匙
巴西利切碎　適量
鹽　少許

1 將南瓜皮切成小丁。

2 在平底鍋中倒入橄欖油，以中火加熱。加入1，煎炒至酥脆（A）。

3 加入葡萄乾和切碎的巴西利，以鹽調味。

胡蘿蔔泥醬汁 Carrot puree sauce

胡蘿蔔泥醬汁不僅適合燉煮料理或肉排,這次我們搭配了蝦子,並加入了香橙調味,當然您也可以僅用牛奶。使用攪拌器攪打時,再加入約10g的奶油,可以使口感更濃郁滑順。

材料 (方便製作的份量)
紅蘿蔔　200g
橄欖油　2小匙
水　50ml
冷飯　25g
鹽　¼小匙
柳橙汁　50ml
牛奶　50ml
白胡椒　少許

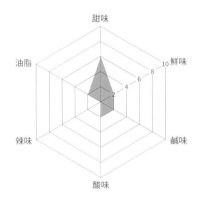

1 紅蘿蔔去皮後切薄片,放入鍋中,加入橄欖油、水、冷飯和鹽,以中火加熱。蓋上鍋蓋,待出現蒸氣後轉小火,煮約7～8分鐘。
2 將步驟1、柳橙汁、牛奶和白胡椒一同放入攪拌機中攪打,混合至順滑。

北非小麥粒 (Couscous)

材料 (2人份)
北非小麥粒　50g
水　50ml
小黃瓜切丁　½根
櫻桃蘿蔔切丁　1個
細蔥切末　3根
橄欖油　2大匙
雪利酒醋　½大匙
鹽　⅓小匙
柚子胡椒　¼小匙

1 在碗中放入北非小麥粒和水,蓋上保鮮膜,用600W的微波爐加熱1分鐘。
2 加入其餘材料,輕輕拌勻。

香煎蒜味蝦

材料 (2人份)
蝦子　8隻
大蒜　1瓣
紅辣椒　½條
青辣椒　6條
橄欖油　1大匙
鹽　¼小匙
北非小麥粒 (Couscous)　適量
胡蘿蔔泥醬汁　適量

1 將蝦子去殼並去腸泥,用刀沿蝦背切入,深度約一半。
2 將大蒜切成粗末,紅辣椒去籽切小段,青椒辣椒切成1.5cm的圈狀。
3 鍋中倒入橄欖油,加入大蒜、紅辣椒,中火加熱。當香氣溢出時,加入蝦子和青辣椒,快速翻炒,用鹽調味。
4 在盤中盛放北非小麥粒和3,配上胡蘿蔔泥醬汁即可。

Sautéed white fish
✕ Spinach puree sauce
recipe ⇨ p.103

Soft-boiled egg and cheese baguette
✕ Spinach puree sauce
recipe ⇨ p.103

100 / 101

蔬菜泥醬汁　波菜泥醬汁

菠菜泥醬汁 Spinach puree sauce

這款醬汁更適合搭配魚貝類或蔬菜，而非肉類。菠菜和山葵的組合，是法國大廚喬埃·侯布雄（Joel Robuchon）的創意。菠菜是很容易感受到鹹味的蔬菜，所以鹽的使用量要節制一些。

材料（2人份）
菠菜　100g
橄欖油　1大匙
牛奶　100ml
山葵醬（Wasami）
　略少於1小匙
鹽　⅛小匙

1 菠菜去根，鍋中煮開水，將菠菜汆燙至軟後撈起，放入冷水中泡涼。
2 將擠乾水份的菠菜、橄欖油、牛奶、山葵醬和鹽放入攪拌機中，攪打至光滑。

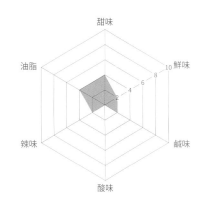

煎白肉魚

材料（2人份）
白肉魚（切片，如鰈魚、紅鯛、鱈魚等）　2片
鹽　適量
橄欖油　2大匙
鹽漬鯷魚　1片
白葡萄酒　50ml
水　100ml
奶油飯　適量（→ p.111）
燙熟的菠菜　適量
菠菜泥醬汁　適量

1 將白肉魚輕輕撒上鹽，靜置15分鐘以上。
2 在平底鍋中倒入1大匙的橄欖油，用中火加熱。放入白肉魚，用紙巾吸去煎出的油脂，煎至金黃。
3 當魚煎至稍微熟透時，加入鹽漬鯷魚、白葡萄酒和水，同時以湯匙從鍋中舀取湯汁淋在魚身上。
4 加入1大匙的橄欖油，熄火後搖動鍋子使其乳化。
5 將奶油飯和步驟4的魚盛盤，搭配燙熟的菠菜，最後淋上菠菜泥醬汁。

半熟蛋佐乳酪長棍

材料（2人份）
雞蛋　2顆（放置常溫）
長棍麵包（Baguette切片）　2片
帕馬森乳酪（Parmesan）　適量
菠菜泥醬汁　適量
辣椒粉　適量
義大利巴薩米克醋（Balsamico）　適量

1 鍋中煮沸水後轉小火，放入雞蛋煮5分30秒，取出後浸泡冷水並剝殼。
2 長棍麵包片烤至金黃，撒上帕馬森乳酪絲。
3 將菠菜泥醬汁鋪在盤中，中央放上煮好的半熟雞蛋，撒上辣椒粉，淋上巴薩米克醋，佐長棍麵包享用。

高麗菜泥醬汁 Cabbage puree sauce

高麗菜和豬肉的組合，在中華料理中是經典的搭配，但是將高麗菜製成泥狀醬汁，會給人一種現代感，印象完全改變。搭配黑醋風味的豬肩肉或黑橄欖糙米奶油飯，不僅單獨吃很美味，高麗菜泥醬汁更將所有的風味統整起來，正是醬汁的魔力所在。

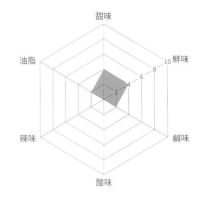

材料（方便製作的份量）
高麗菜　150g
洋蔥　¼顆
橄欖油　1大匙
冷飯　30g
水　50ml
牛奶　50ml
顆粒雞湯粉　¼小匙
鹽　¼小匙

1 高麗菜切成塊狀，洋蔥切成薄片。
2 將1、橄欖油、冷飯、水放入鍋中，以中火加熱，蓋上鍋蓋，待蒸氣冒出後，轉小火煮7～8分鐘。
3 將2、牛奶、顆粒雞湯粉、鹽放入攪拌機中，攪打至光滑。

炒高麗菜

材料（2人份）
高麗菜　2片
橄欖油　1小匙
醃漬小黃瓜　適量
鹽　少許

1 將高麗菜切成粗絲狀。
2 在平底鍋中倒入橄欖油，用中火加熱，加入高麗菜炒熟。軟化後，關火，根據口味加入切碎的醃漬小黃瓜適量和少許鹽調味。

黑醋風味豬肩肉

材料（2人份）
豬肩肉（適合煎烤用）
　2片（每片約180g，厚度2cm）
鹽　適量（肉重的0.8%）
黑胡椒　適量
橄欖油　適量
醬油　2大匙
砂糖　2大匙
酒　3大匙
黑醋　4大匙
玉米澱粉（或葛粉）　1小匙
高麗菜泥　適量
黑橄欖糙米奶油飯　適量（→p.111）
高麗菜泥醬汁　全量

1 在鍋中放入醬油、砂糖、酒、黑醋，用中火加熱。當沸騰時，轉小火，加入以等量水（份量外）溶解的玉米澱粉，勾芡。
2 從冰箱取出的豬肉，撒上鹽和黑胡椒。在平底鍋中倒入橄欖油，以中火加熱，放入豬肉香煎。煎約4分鐘後翻面，再煎2分鐘後關火，靜置5分鐘，讓餘熱把肉熟透，然後加入步驟1的黑醋醬拌勻。
3 將高麗菜泥醬汁鋪在盤中，上面放上黑橄欖糙米奶油飯和炒高麗菜，再擺上切成一口大小的豬肩肉。

Chicken breast piccata
× Cherry tomato puree sauce
recipe ⇨ p.108

小番茄泥醬汁 Mini tomato puree sauce

這就是傳統的番茄醬，使用味道濃郁的小番茄是關鍵。這樣一來，加熱時間就可以大大縮短。在用攪拌機攪打後，如果你介意番茄皮，可以過濾一下（照片中沒有過濾）。不過，番茄皮也是美味的一部分，所以最好保留。這款醬汁非常適合搭配烤魚、雞肉或豬肉，根據喜好也可以加入大蒜。

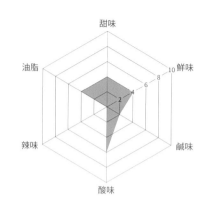

材料（2人份）
小番茄　160g
橄欖油　1大匙
水　50ml
牛奶　50ml
冷飯　40g
鹽　¼小匙

1 小番茄去蒂，切半。
2 在鍋中放入小番茄和橄欖油，中火加熱。蓋上鍋蓋，待聽到聲響後轉小火，炒約3分鐘。
3 加入水、牛奶、冷飯和鹽，煮1分鐘後倒入攪拌機中攪打至光滑。

雞胸皮卡塔 (Piccata)

材料（2人份）
雞胸肉　½片（120g）
鹽　適量
麵粉　適量
打散的雞蛋　1個
橄欖油　2小匙
小番茄泥　適量
奶油飯　適量（→p.111）
巴西利切碎　適量

1 將雞胸肉去皮，切成4片薄片。撒上鹽，裹上麵粉，然後沾裹上打散的雞蛋。
2 在平底鍋中倒入橄欖油，中小火加熱。放入雞胸肉片，煎至兩面呈現焦黃色。
3 將煎好的雞胸肉盛入盤中，搭配小番茄泥醬汁和奶油飯，最後在奶油飯上撒切碎的巴西利。

小番茄湯

材料（2人份）
小番茄泥醬汁　全量
牛奶　100ml
鹽　⅛小匙
麵包（片狀）　4片
可融化的乳酪　4片

1 將小番茄泥醬汁、牛奶和鹽放入小鍋中，加熱。
2 將兩片乳酪夾在麵包中，用平底鍋煎至兩面金黃。
3 在碗中倒入小番茄湯，配上乳酪麵包。

薯條

材料（方便製作的份量）
馬鈴薯（May Queen 品種）、沙拉油、鹽　各適量

1 馬鈴薯洗淨並擦乾水份，連皮切成 6～8 等份的楔形塊。
2 將馬鈴薯放入鍋中，倒入沙拉油至蓋過馬鈴薯。
3 用中火加熱，待泡泡出現後轉至極小火，保持火力慢慢炸至金黃。
4 當竹籤可以輕易刺穿時，調至中火炸至表面酥脆。瀝油，撒上鹽即可。

奶油蒸蔬菜

材料（方便製作的份量）
蔬菜＊、奶油、水、鹽、白胡椒　各適量

＊ 蕪菁、甜豆、四季豆、胡蘿蔔、白花椰、綠花椰、玉米筍等。

1 將蔬菜切好。蕪菁留下約 1cm 的莖部，切成 6 等份的楔形塊，削去厚皮。浸泡在水中，用竹籤等清除莖間的泥土。甜豆去掉頭，四季豆去硬絲。胡蘿蔔切成 5cm 長方片。白花椰和綠花椰分成小朵，方便食用。
2 在鍋中放入蔬菜、奶油、水各適量，蓋上鍋蓋，用中火加熱。待蒸氣冒出後，轉至小火，蒸煮至蔬菜變軟。如果還不夠熟，可適時添加水加熱。
3 以鹽和白胡椒調味。因為是搭配醬汁一起食用，所以調味可以稍微淡一些。

烤小番茄

材料（方便製作的份量）
小番茄、橄欖油　各適量

將小番茄放在烤盤上，淋上橄欖油，放入烤箱烤至表皮爆裂即可。

燉飯

材料（2人份）
米　75g
洋蔥切碎　¼顆
橄欖油　2大匙
顆粒雞湯粉　½小匙
帕馬森乳酪（Parmesan）　20g

1 在鍋中加入切碎的洋蔥和橄欖油，用中火加熱。當冒出泡泡時，轉小火，炒約2分鐘。
2 將未洗的米加入鍋中，繼續炒約1分鐘。
3 加入顆粒雞湯粉和400ml的水（份量外），調至中火。水滾後轉小火，持續攪拌加熱約15分鐘。
4 熄火，加入刨絲的帕馬森乳酪攪拌均勻。

奶油飯

材料（方便製作的份量）
米　2杯
洋蔥切碎　¼個
奶油　15g
顆粒雞湯粉　¼小匙
鹽　⅛小匙
黑胡椒　適量

1 將米洗淨後，瀝乾放在網篩上，靜置約30分鐘。
2 在平底鍋中加入切碎的洋蔥和奶油，用中火翻炒，不需炒到變色。
3 將1的米、2、顆粒雞湯粉、鹽和黑胡椒一起放入電鍋內，參考內鍋刻度加入適量的水（份量外），以普通煮飯模式加熱。

黑橄欖糙米奶油飯

材料（方便製作的份量）
糙米　2杯
洋蔥切碎　¼個
奶油　15g
顆粒雞湯粉　¼小匙
鹽　⅛小匙
白胡椒　適量
黑橄欖切碎　50g

1 糙米洗淨後，浸泡在足夠的水中，放入冰箱浸泡17小時以上。
2 在平底鍋中加入切碎的洋蔥和奶油，用中火翻炒，不需炒到變色。
3 在鍋中加入瀝乾的糙米、2、水520ml（份量外）、顆粒雞湯粉、鹽和白胡椒，蓋上鍋蓋用中火煮沸，然後轉小火煮30分鐘，關火靜置10分鐘。
4 煮好後，加入切碎的黑橄欖拌勻。

系列名稱／Joy Cooking

書名／New sauce 新概念醬汁

作者／樋口直哉

出版者／出版菊文化事業有限公司

發行人／趙天德

總編輯／車東蔚

文 編・校 對／編輯部

美編／R.C. Work Shop

地址／台北市雨聲街77號1樓

TEL／（02）2838-7996

FAX／（02）2836-0028

初版日期／2024年5月

定價／新台幣 420元

ISBN／9789866210952

書號／J160

讀者專線／（02）2836-0069

www.ecook.com.tw

E-mail／service@ecook.com.tw

劃撥帳號／19260956大境文化事業有限公司

國家圖書館出版品預行編目資料

New sauce 新概念醬汁

樋口直哉 著；初版；臺北市
出版菊文化，2024 [113] 112 面；
19×26 公分 (Joy Cooking；J160)
ISBN／9789866210952

1.CST：調味品　　2.CST：食譜
427.61　　　　113005712

請連結至以下表單
填寫讀者回函，將
不定期的收到優惠
通知。

Original edition creative staff
Book design: Yosuke Yonemochi
(case)
Photos: Tetsuya Ito
Styling: Mariko Nakazato
Editing: Yoko Koike (Graphic-sha
Publishing Co., Ltd.)